果蔬茶

农药选购与使用

农业农村部农药检定所　编

U0239192

中国农业出版社

编辑委员会

果蔬茶作为鲜食农产品，其安全性一直是农业部门及广大消费者关注的重点。2017年3月，农业部发布《果蔬茶病虫全程绿色防控试点方案》（农农植保〔2017〕7号）文件，明确从2017年开始，在果蔬茶优势产区选择150个县（市、区）开展果蔬茶病虫全程绿色防控试点，依托农业新型经营主体，建立集中连片的示范基地，力争用3～5年时间，初步建立起全程绿色防控的组织方式和政策框架，集成推广全程绿色防控的技术模式和服务机制。通过试点工作的开展，力争完成"一减两提"的目标：即化学农药用量明显减少，病虫绿色防控覆盖率明显提高，农产品品质明显提升。到2020年，试点县（市、区）果蔬茶化学农药使用量减少30%以上，绿色防控覆盖率达到50%以上。

为配合《果蔬茶病虫全程绿色防控试点方案》的实施，引导种植大户、农民合作社、龙头企业等新型经营主体示范推广病虫全程绿色防控技术，针对我国农业生产和农民用药的实际情况，采用通俗化的语言和图文并茂的形式，从果蔬茶农药使用禁忌、如何选择果蔬茶使用的农药、果蔬茶病虫害用药使用技术要点、违规用药的法律责任等不同角度，我们组织编写了《果蔬茶农药选购与使用》科普读物。

本书编写过程中，农业部种植业管理司给予了大力支持，并进行了项目资助。一些农民合作社、农作物病虫害专业化防治组织、农药生产企业等为本书编写提出了建设性的修改意见，在此我们表示衷心感谢。

由于编者水平有限，书中存在的遗漏和不足，恳请读者批评指正。

编　者

2017年11月

前言

第一章

果蔬茶主要病虫害

一、果树

果树病虫种类566种，其中病害308种、害虫258种。发生普遍、危害较重的主要病害如腐烂病、斑点落叶病、轮纹病、炭疽病、溃疡病、疮痂病、枯萎病、叶斑病、黑星病、霜霉病、灰霉病、白腐病、白粉病、根腐病等；害虫如红蜘蛛、蚜虫、食心虫、木虱、蓟马、介壳虫等，严重影响果树的产量、质量及果实的品质。

1.苹果：腐烂病、斑点落叶病、轮纹病、红蜘蛛、蚜虫、桃小食心虫等。

苹果轮纹病

苹果腐烂病

2.柑橘：炭疽病、溃疡病、疮痂病、介壳虫、红蜘蛛、柑橘木虱等。

柑橘炭疽病

柑橘疮痂病

柑橘红蜘蛛

3

柑橘介壳虫

柑橘木虱

3.香蕉：枯萎病、叶斑病、黑星病、蓟马、蚜虫等。

香蕉叶斑病

香蕉黑星病

香蕉枯萎病

香蕉蓟马

4.葡萄：霜霉病、灰霉病、白腐病、炭疽病、红蜘蛛、蓟马等。

葡萄霜霉病

葡萄灰霉病

5.草莓：白粉病、灰霉病、炭疽病、根腐病、红蜘蛛、蚜虫等。

草莓炭疽病

草莓白粉病

草莓灰霉病

二、蔬菜

　　蔬菜病虫种类约1 800种，其中病害1 350余种，害虫450余种。发生普遍、危害较重的主要病害如软腐病、霜霉病、早疫病、晚疫病、白粉病、枯萎病、立枯病、炭疽病、灰霉病、病毒病、线虫病等；虫害如蚜虫、烟粉虱、蓟马、红蜘蛛、小菜蛾、菜青虫、甜菜夜蛾、斜纹夜蛾、蛴螬等，严重影响蔬菜的产量及品质。

　　1.叶菜类：软腐病、霜霉病、炭疽病、小菜蛾、菜青虫、甜菜夜蛾等。

白菜软腐病

油麦菜霜霉病

菜青虫

2.茄果类：晚疫病、霜霉病、白粉病、病毒病、线虫病、蚜虫、烟粉虱、蓟马、红蜘蛛等。

番茄晚疫病

黄瓜霜霉病

黄瓜白粉病

番茄根结线虫病

茄子蓟马为害状

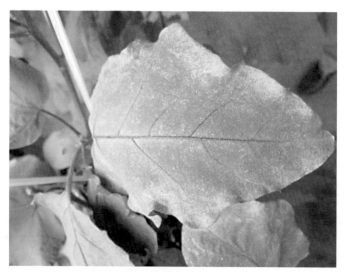

茄子红蜘蛛为害状

3.瓜类：枯萎病、霜霉病、炭疽病、烟粉虱、红蜘蛛、蚜虫等。

西瓜枯萎病

黄瓜霜霉病

黄瓜根结线虫病

黄瓜蚜虫

4.根茎类：线虫病、蛴螬、蓟马等。

线 虫

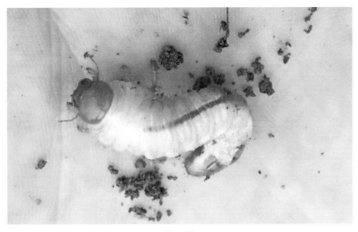

蛴　螬

三、茶叶

我国记载的茶树病虫害近200种，其中发生普遍、危害较重的主要有茶饼病、炭疽病、轮纹病、茶小绿叶蝉、茶尺蠖、盲蝽、红蜘蛛，严重影响茶叶的产量、质量及品质。

茶饼病

茶小绿叶蝉

第二章

如何选择果蔬茶农药

一、优先选用生物农药

生物农药包括微生物农药、植物源农药、生物化学农药等。

生物农药具有选择性强、防治对象相对单一、不易产生抗性、对人畜比较安全、更利于农产品质量安全、环境污染小等优点。

二、合理选用高效低毒的化学农药

在病虫害发生较严重，或者单独使用生物农药不能较快体现防治效果时，可以选用高效低毒化学农药。

三、严禁使用高毒、高残留农药

果蔬茶多是鲜食农产品，禁止使用高毒、高残留或残留期长的农药。

四、科学选择植物生长调节剂

围绕果蔬茶生长特点，在专业人员的指导下，科学选择植物生长调节剂，提高产品、改善品质，实现增收。

科学选用生长调节剂

第三章

果蔬茶农药使用技术要点

一、控制源头，提前预防

1.清洁田园。生产前清除田块周边植株残体、枯枝落叶及废弃农药包装物等农业废弃物，带至田外集中无害化处理。

2.土壤、设施消毒。使用土壤消毒剂处理土壤，防治枯萎病、疫病、立枯病等土传病害和地下害虫。选用熏蒸剂等进行棚室表面消毒，减轻灰霉病、白粉病、霜霉病等气传病害的发生。

3.选用无病虫种苗，种苗清洁处理。种苗移栽前，用具有相应功能的寡雄腐霉菌、哈茨木霉菌、吲哚丁酸等蘸根或喷淋处理，防病促生根。

移栽前苗床喷雾能防病壮苗啊！

寡雄腐霉菌

二、准确诊断，对症下药

遇到为害症状相似、容易混淆的病虫，建议找当地植保部门或技术专家甄别后再进行防治。

1.准确诊断病虫害。用药前，必须准确诊断病虫种类。难以诊断的，可采集已有为害症状的果蔬茶植株或果实，请当地技术专家或农药经营者诊断。

2.选购合适对路的农药。根据所确定的病虫害种类，选用标签上标注可防治该病虫害的农药。

苹果得了斑点落叶病，可选用苯醚甲环唑防治。

三、选对药械，高效施药

选对药械可提高农药利用率，保障防治效果，降低环境污染。

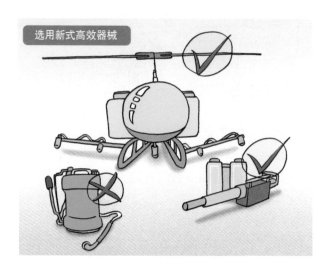

选用新式高效器械

四、按标签技术要求使用农药

按照标签要求，精准配药、二次稀释。要避免用药量过大、使用次数过多。严格遵照安全间隔期用药。

精准配药

你打药太多了吧？残留超标了。

不合格

五、治病趁早，杀虫趁小

大多数杀菌剂为保护性药剂，应选择在病害发生前或初期使用。多数杀虫剂应该在虫量少、虫龄小的时候使用。

六、合理轮换，减少抗性

南方人长期吃辣椒不怕辣。病虫害也一样，长期用一种药防治，会影响防效。要选择具有相同功能的不同农药交替使用，延缓抗药性产生。

七、物化结合，综合防治

合理利用各种植保措施，包括诱捕器、粘虫板、杀虫灯等，与生物、化学药剂相结合，达到综合防治的目的。

综合防治效果好

八、安全防护，保护环境

配药、施药做好安全防护，应按要求穿长衣长裤、戴口罩手套、穿胶靴及戴帽子等。不要在水源地、河流等水域清洗施药器械，不随意丢弃农药包装袋（瓶）等废弃物，保护好生态环境。

第四章

违规用药的法律责任

农药的使用直接关系着农产品质量安全。违规用药将承担法律责任!

一、违规用药必罚

农产品生产企业、食品和食用农产品仓储企业、专业化病虫害防治服务组织和从事农产品生产的农民专业合作社等单位,使用农药有以下情况,将处5万元以上10万元以下罚款;对农药使用者为个人的,处1万元以下罚款。

1.不按照农药的标签标注的使用范围、使用方法和剂量、使用技术要求和注意事项、安全间隔期使用农药。

2.使用禁用的农药。

3.将剧毒、高毒农药用于蔬菜、瓜果、茶叶、菌类、中草药材生产或者用于水生植物的病虫害防治。

4.在饮用水水源保护区内使用农药。

5.使用农药毒鱼、虾、鸟、兽等。

6.在饮用水水源保护区、河道内丢弃农药、农药包装物或者清洗施药器械。

二、单位不建立农药使用记录受罚

农产品生产企业、食品和食用农产品仓储企业、专业化病虫害防治服务组织和从事农产品生产的农民专业合作社等,使用农药不进行记录的，农业主管部门责令改正；拒不改正或者情节严重的，处2 000 ～ 20 000元罚款。

三、违规用药造成事故，要赔钱、坐牢

1.造成人畜中毒、大面积环境污染或对生产造成较大或重大损失的，判3年以下有期徒刑或者拘役；后果特别严重的，判3 ～ 7年有期徒刑。

2.生产、销售农药残留超标的农产品，足以造成严重食物中毒事故的，判3年以下有期徒刑或者拘役，并处罚金；对人体健康造成严重危害或者有其他严重情节的，判3 ～ 7年有期徒刑，并处罚金；后果特别严重的，判7年以上有期徒刑或者无期徒刑，并处罚金或者没收财产。

3.在生产、销售的食品中掺入有毒、有害的农药，或者销售明知掺有有毒、有害的农药的，判5年以下有期徒刑，并处罚金；对人体健康造成严重危害或者有其他严重情节的，判5 ～ 10年有期徒刑，并处罚金；致人死亡或者有其他特别严重情节的，判10年以上有期徒刑、无期徒刑或者死刑，并处罚金或者没收财产。

附 录
主要果蔬茶病虫害发生与防治用药对照表

表1至表7中列入了主要蔬菜、水果和茶叶等作物不同生育期病虫害发生及防治主要用药品种。其中，用蓝色字体表示的为生物农药。使用者使用前应当认真阅读产品标签，按标签要求正确使用。

表1　十字花科蔬菜

作物生育期 用药品种 病虫害种类	种植期	苗期	卷心或结果期
烟粉虱	噻虫嗪、吡虫啉、啶虫脒	噻虫嗪、氯氰·吡虫啉、啶虫·辛硫磷	
菜青虫、小菜蛾害虫、甜菜夜蛾等鳞翅目	/	苏云金杆菌、苦参碱、短稳杆菌、蛇床子素、印楝素、苜蓿银纹夜蛾核多角体病毒、阿维菌素、高效氯氟氰菊酯、辛硫磷、高效氯氰菊酯、氯氰菊酯、溴氰菊酯、甲氰菊酯、氰戊菊酯、氟啶脲、顺式氯氰菊酯、除虫脲、灭幼脲、氟铃脲、丁醚脲、虫酰肼、甲氧虫酰肼、甲氨基阿维菌素、虫螨腈、茚虫威、氯虫苯甲酰胺	
蚜虫	啶虫脒、吡虫啉	除虫菊素、鱼藤酮、桉油精、苦参碱、啶虫脒、吡虫啉、高效氯氰菊酯、高效氯氟氰菊酯、抗蚜威、溴氰菊酯、氰戊菊酯	
黄条跳甲	/	氯氰菊酯、联苯菊酯、啶虫脒、马拉硫磷、氯氟虫腙	

（续）

作物生育期 用药品种 病虫害种类	种植期	苗期	卷心或结果期
蜗牛	/	四聚乙醛	
金针虫、蛴螬、小地老虎等地下害虫	辛硫磷	辛硫磷、氯虫苯甲酰胺、联苯菊酯、敌百虫	
蓟马	/	多杀霉素、阿维·啶虫脒	
霜霉病	/	百菌清、丙森锌、三乙膦酸铝、醚菌酯	
软腐病	/	氨基寡糖素、氯溴异氰尿酸、噻菌铜、噻森铜	
黑斑病	/	嘧啶核苷类抗菌素、苯醚甲环唑、戊唑醇	
炭疽病	/	吡唑醚菌酯	

表2 番 茄

作物生育期 用药品种 病虫害种类	苗期	开花结果期	成熟期
晚疫病	寡雄腐霉菌、氨基寡糖素、多抗霉素、几丁聚糖、氟吡菌胺、百菌清、丙森锌、嘧菌酯、氰霜唑、三乙膦酸铝		
叶霉病	/	春雷霉素、多抗霉素、氟硅唑、甲基硫菌灵、克菌丹、嘧菌酯	
灰霉病	/	丁子香酚、百菌清、啶菌噁唑、腐霉利、己唑醇、嘧霉胺、双胍三辛烷基苯磺酸盐、乙烯菌核利、异菌脲、啶酰菌胺	
病毒病	/	氨基寡糖素、香菇多糖、几丁聚糖、葡聚烯糖、辛菌胺醋酸盐、盐酸吗啉胍	
棉铃虫	/	甲氨基阿维菌素、虫螨脲	
烟粉虱	矿物油、吡虫啉、啶虫脒、联苯菊酯、氯噻啉、螺虫乙酯、噻虫嗪	矿物油、螺虫乙酯、吡虫啉、啶虫脒、联苯菊酯、氯噻啉	

表3　黄　瓜

作物生育期 用药品种 病虫害种类	苗期	开花结果期	成熟期
疫病	霜霉威、霜霉威盐酸盐、烯酰吗啉	烯酰吗啉、吡唑醚菌酯	
霜霉病	苦参碱、多抗霉素、百菌清、丙森锌、代森锰锌、代森锌、二氯异氰尿酸钠、氟吗啉、福美双、喹啉铜、硫酸铜钙、氯溴异氰尿酸、嘧菌酯、氰霜唑、壬菌铜、噻唑锌、三乙膦酸铝、霜霉威盐酸盐、松脂酸铜、烯肟菌酯、烯酰吗啉、乙蒜素、代森联、吡唑醚菌酯		
白粉病	枯草芽孢杆菌、几丁聚糖、硫磺、宁南霉素、多抗霉素、百菌清、苯醚甲环唑、氟吡菌酰胺、氟硅唑、氟菌唑、福美双、己唑醇、甲基硫菌灵、腈菌唑、醚菌酯、双胍三辛烷基苯磺酸盐、戊唑醇、烯肟菌胺、唑胺菌酯、吡唑醚菌酯		
灰霉病	/	木霉菌、多抗霉素、腐霉利、啶酰菌胺、嘧霉胺	
黑星病	氟硅唑、腈菌唑、嘧菌酯、吡唑醚菌酯		
斑潜蝇	阿维菌素、灭蝇胺		
蚜虫	啶虫脒、顺式氯氰菊酯、异丙威、氟啶虫酰胺		
粉虱	吡虫啉、啶虫脒、噻虫嗪、异丙威		

表4　苹　果

作物生育期 用药品种 病虫害种类	休眠期—萌芽前	发芽展叶期—开花期	幼果期—果实成熟期
腐烂病	寡雄腐霉菌、丁香菌酯、甲基硫菌灵、络氨铜、噻霉酮、辛菌胺醋酸盐、抑霉唑	寡雄腐霉菌	寡雄腐霉菌
白粉病	/	硫磺、嘧啶核苷类抗菌素、吡唑醚菌酯、己唑醇、腈菌唑	

作物生育期 用药品种 病虫害种类	休眠期—萌芽前	发芽展叶期— 开花期	幼果期— 果实成熟期
斑点落叶病	/	吡唑醚菌酯、百菌清、苯醚甲环唑、丙森锌、代森锰锌、己唑醇、双胍三辛烷基苯磺酸盐、戊唑醇、烯唑醇、亚胺唑、异菌脲、代森联、多菌灵、醚菌酯、嘧菌环胺	宁南霉素、多抗霉素、百菌清、苯醚甲环唑、丙森锌、代森锰锌、己唑醇、双胍三辛烷基苯磺酸盐、戊唑醇、烯唑醇、亚胺唑、异菌脲、代森联、多菌灵、醚菌酯、嘧菌环胺
轮纹病	中生菌素、多抗霉素、代森联、代森锰锌、多菌灵、甲基硫菌灵、碱式硫酸铜、克菌丹、喹啉铜、噻菌灵、戊唑醇、二氰蒽醌、氢氧化铜、异菌脲、氟硅唑		
炭疽病	/	代森联、代森锰锌、多菌灵、福美双、福美锌、咪鲜胺、溴菌腈	
蚜虫	/	矿物油、阿维菌素、吡虫啉、啶虫脒、氟啶虫酰胺、溴氰菊酯、氰戊菊酯	
叶螨	/	阿维菌素、炔螨特、四螨嗪、哒螨灵、联苯菊酯、双甲脒	
桃小食心虫	/	金龟子绿僵菌、阿维菌素、高效氟氯氰菊酯、甲氰菊酯、氯氰菊酯、氰戊菊酯、辛硫磷、溴氰菊酯、氯虫苯甲酰胺、联苯菊酯、高效氯氰菊酯、S-氰戊菊酯	
杂草	/	草甘膦、草铵膦、敌草快、乙氧氟草醚、莠去津	

表5 柑 橘

作物生育期／用药品种／病虫害种类	采果后—春芽萌动期	春芽期—谢花期	生理落果期—果实成熟期
树脂病	/	代森锰锌、克菌丹	
疮痂病	/	硫磺、百菌清、苯菌灵、苯醚甲环唑、代森联、代森锰锌、硫酸铜钙、络氨铜、嘧菌酯、噻菌铜、烯唑醇、亚胺唑	
溃疡病	/	春雷霉素、琥胶肥酸铜、碱式硫酸铜、硫酸铜钙、络氢氧化铜、噻菌铜、噻唑锌、乙酸铜、松脂酸铜、王铜、噻森铜	
炭疽病	/	丙森锌、代森锰锌、多菌灵、嘧菌酯、松脂酸铜、咪鲜胺、咪鲜胺锰盐	
蚧类	矿物油、螺虫乙酯、噻嗪酮、松脂酸钠、硝虫硫磷、双甲脒、稻丰散、喹硫磷、高效氯氰菊酯		
螨类	阿维菌素、螺虫乙酯、螺螨酯、炔螨特、四螨嗪、双甲脒		
蚜虫	/	矿物油、吡虫啉、啶虫脒、氯噻啉、马拉硫磷、噻虫嗪、烯啶虫胺、溴氰菊酯	/
杂草	/	2,4-滴二甲胺盐、苯嘧磺草胺、丙炔氟草胺、草铵膦、草甘膦	/

表6 葡 萄

作物生育期／用药品种／病虫害种类	苗期	幼果期	着色期	成熟期
黑痘病	/	百菌清、氟硅唑、代森锰锌、咪鲜胺、嘧菌酯、噻菌灵、亚胺唑	/	
灰霉病	/	双胍三辛烷基苯磺酸盐、腐霉利、嘧菌环胺、啶酰菌胺、异菌脲、嘧霉胺		

（续）

作物生育期 用药品种 病虫害种类	苗期	幼果期	着色期	成熟期
白粉病	嘧啶核苷类抗菌素、百菌清、己唑醇、甲基硫菌灵、吡唑醚菌酯		∕	∕
霜霉病	丙森锌、代森锰锌、百菌清、氧化亚铜、嘧菌酯、氰霜唑、烯酰吗啉、硫酸铜钙、克菌丹、双炔酰菌胺、嘧菌酯、醚菌酯、吡唑醚菌酯			
炭疽病	∕	苯醚甲环唑、咪鲜胺、腈菌唑、氟硅唑、烯唑醇		
白腐病	∕	代森锰锌、福美双、嘧菌酯、氟硅唑、戊唑醇		
一年生杂草	莠去津		∕	∕

表7 茶 树

作物生育期 用药品种 病虫害种类	越冬休眠期 （10月至翌年2月）	早春期 （3月）	春茶期（4月至5月15日前）	夏茶期（5月15日至7月底）	秋茶期 （8~10月）
炭疽病	∕	∕	∕	百菌清、苯醚甲环唑、代森锌、吡唑醚菌酯	
茶饼病	多抗霉素	∕	∕	∕	
茶橙瘿螨	∕	∕	矿物油、炔螨特		矿物油、炔螨特
茶小绿叶蝉	∕	∕	球孢白僵菌、茚虫威、吡蚜酮、联苯菊酯、噻嗪酮、高效氯氰菊酯、噻虫嗪、吡虫啉、溴氰菊酯、高效氯氟氰菊酯		
蚜虫	∕	氯菊酯、溴氰菊酯		∕	∕
黑刺粉虱	∕	联苯菊酯、溴氰菊酯			
卷叶蛾	∕	溴氰菊酯			∕

作物生育期 用药品种 病虫害种类	越冬休眠期 （10月至翌年2月）	早春期 （3月）	春茶期（4月至5月15日前）	夏茶期（5月15日至7月底）	秋茶期 （8～10月）
茶尺蠖	/	蛇床子素、除虫脲、溴氰菊酯、敌百虫、高效氯氟氰菊酯、高效氯氰菊酯、氯氰菊酯、联苯菊酯、甲氰菊酯		/	/
刺蛾	/	/	敌百虫、溴氰菊酯		
茶毛虫	苏云金杆菌、印楝素、苦参碱、氯菊酯、联苯菊酯			/	
蚧		马拉硫磷	/	马拉硫磷	/
象甲	/	/	马拉硫磷、联苯菊酯		/
一年生杂草和多年生恶性杂草	草甘膦、草铵膦	/	/	/	/

图书在版编目（CIP）数据

果蔬茶农药选购与使用/农业农村部农药检定所编.
—北京：中国农业出版社，2018.4（2019.12重印）
ISBN 978-7-109-23978-4

Ⅰ．①果…　Ⅱ．①农…　Ⅲ．①果树—农药施用②蔬菜
—农药施用③茶树—农药施用　Ⅳ．①S436②S435．711

中国版本图书馆CIP数据核字（2018）第047488号

中国农业出版社出版
（北京市朝阳区麦子店街18号楼）
（邮政编码 100125）
责任编辑　司雪飞　张德君

中农印务有限公司印刷　新华书店北京发行所发行
2018年4月第1版　2019年12月北京第3次印刷

开本：880mm×1230mm　1/32　印张：1.5
字数：50千字
定价：18.00元
（凡本版图书出现印刷、装订错误，请向出版社发行部调换）